浙江省科协特色优质科普图书资助项目　　　　　　"浙电科普＋"系列图书

—— 电小知科普馆 ——

电靓未来乡村

浙江省电力学会　国网浙江省电力有限公司　组编

中国电力出版社
CHINA ELECTRIC POWER PRESS

院士寄语

亲爱的小读者：

非常荣幸向你们推荐《电小知科普馆》，这是一套向喜欢探索科学知识的小朋友们介绍电力能源知识的丛书。

电是一种自然现象，很早就为人类所发现。闪电就是人们最早发现的电。近代，科学家们根据电与磁的关系，发现了电的本质，揭开了电的奥秘，并通过不懈努力，最终实现了电的应用，带领人类进入了电气化时代。

《电小知科普馆》丛书以图文并茂、浅显易懂的方式将科学知识娓娓道来，帮助小朋友们学习了解生活中无处不在的电力知识。在首次出版的五册书中，明明一家跟随"电小知"乘坐时光机，回顾电的产生和发展历程，通过"医治"生病电器学会安全使用家用电器，了解外出游玩时要注意的用电安全风险，并通过参观能源商店认识了各种电池的神奇功能，踏上余村电力之旅，到最美乡村领略新时代电力发展。

电力带来光明，点亮生活，也催生了现代文明。展望未来，人类将继续推进对电的探索和应用。希望你们在"电小知"的带领下，一起揭开电力的神秘面纱，发现更多电力的奥秘与乐趣！

祝你们阅读愉快！

中国工程院院士
浙江工业大学校长

嗨！！！

我是电小知，

是来自未来的智能机器人。

我拥有聪明的大脑和环保的外壳，

喜欢科学，喜欢探索关于电的一切。

我们一家住在美丽的浙江杭州，

欢迎大家和我们一起开启奇妙的

电力之旅。

爸爸
39岁

成熟稳重、有责
任心的男士

妈妈
38岁

温柔善良的女士

明明
13岁

热衷于探索世界、喜欢
钻研问题的男孩子

靓靓
8岁

活泼可爱、聪明
伶俐的小女孩

国庆假期，一家人正讨论去哪儿玩。

爸爸提议："我们去这儿吧——浙江安吉的余村，这儿可是'绿水青山就是金山银山'理论的发源地。"

靓靓看着美丽的风景照片，开心地说："好呀好呀，我们快出发吧！"

刚到安吉余村，就看到很多新能源汽车正在充电。
电小知说："这里很多公共设施都实现了电能替代，观光车也是哦。"

靓靓大喊："看，绿水青山就是金山银山！"
爸爸说："是啊，我以前来余村，可不是这个模样，十多年前这里有很多矿山、水泥厂，溪水都是浑浊的，天空也总是灰蒙蒙的。你们看，现在到处都是绿水青山，变化很大呀！"

大家继续往前走，路过一个"电力驿站"。
电小知说："供电公司在余村设立了电力驿站，村民们享受到了'家门口'的电力服务，再也不用跑大老远去交电费了。"

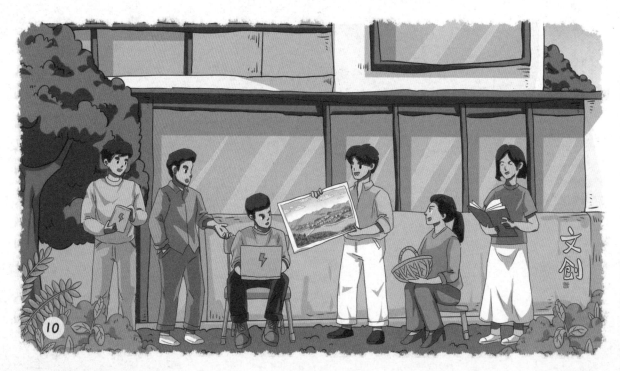

这时，靓靓看到街对面的老伯伯正在做木雕，好奇地凑上去。
老伯伯笑着告诉他们"以前啊，村子里都是我们这样的老头老太太。
这两年，好多在外打拼的年轻人都回到村子里，来为村子作贡献，
这里啊，越来越热闹啦。"

大家来到了余村印象青年图书馆，这是中国第一栋碳中和建筑。

电小知说："你们看，这是余村的特色景观——光伏树，树顶的光伏薄膜白天吸收太阳能，夜晚再利用储能装置放电呈现出绚丽的灯光效果，一棵光伏树全年可收集 1825 度电呢！"

明明问："光伏树能把太阳能变成电能，那房子是不是更厉害呢？"

电小知说："我们去看看就知道了。"

电小知说："这个青年创业中心是一座零碳展厅，采用了很多黑科技。比如，屋顶上黑乎乎的瓦片是碲化镉材料制作的光伏薄膜，可以直接把太阳能转化为电能。"

明明在二楼大喊："妈妈，快来看，这里有四个圆圆的装置。"
妈妈说："这是日光采集装置，它直接折射室外的光源，可以为室内提供照明。"

靓靓好奇地问："这个蒲公英为什么这么大呀！"
爸爸告诉靓靓："这是一种光纤灯，白天吸收太阳光，晚上就变成蒲公英路灯了。"

大家乘车来到了"未来乡村绿电服务中心"。
明明兴奋地指着展厅里的大屏幕说："你们看，这里有个'碳魔方'，
它可以精准计算建筑物的碳排放情况，好厉害呀！"

电小知说："'碳魔方'就像个'能源管家'，它还可以灵活调配电力资源。在'零碳模式'下，把白天屋顶光伏产生的多余电能储存起来，在晚上或阴天时提供给人们使用。"

到了中午，一家人去附近的饭店吃饭。
明明发现路边有些村民家的屋顶也整齐地排列着太阳能光伏板。
电小知说："这些屋顶光伏让村民们在家也能坐享'阳光收益'，
它们也为绿色乡村作出了不少贡献。"

大家围坐在餐桌旁。

妈妈说："这些菜可都是余村的特色菜。鱼和鸡都是附近养殖基地供应的，我们尝尝吧。"

爸爸点点头，说："确实很美味，等下我们去养殖基地转转。"

饭后，一家人先去了水产养殖基地。
靓靓指着鱼池里的鱼："你们看，这里的鱼活蹦乱跳的，难怪那么好吃！"

电小知告诉大家："这里有52个智能蜂窝池，日均供鱼量可达一万斤以上，既能提供绿色、生态、安全的高品质水产品，又可带动上游养殖农户和本地农户共同富裕。"

随后，他们来到了专门培育竹林鸡的养殖基地。

靓靓捧起一只小鸡，抚摸着它的羽毛。

基地的工作人员向大家介绍："现在有了变压器和恒温设备，土鸡的成活率更高了，肉的品质更好了，也更加节能环保了。"

参观了世界"最佳旅游乡村"——余村，大家都很有感触，农村电气化为我们建设绿水青山作出了很多贡献。

明明说："那一定还有很多美丽的地方值得我们去参观游览吧？"

电小知说："那当然了，祖国处处是大好河山，也到处都有清洁能源和绿色电力的身影，让我们一起去看看吧！"

第一章 世界最佳旅游乡村 ——余村

一、余村的过去

二十世纪七八十年代，因为山里优质的石灰岩资源，余村成为安吉县规模最大的**石灰石开采区**，也由此走上了开山采矿、烧石灰、做水泥的发展之路。开山采矿虽然带来了很多的收入，但是也造成了巨大的**环境破坏**。

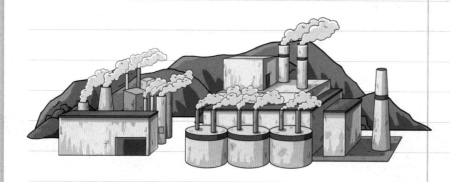

二、余村的转变

2005年8月15日，时任浙江省委书记习近平来到余村。他听到余村为了保护生态环境关停了矿山，给予高度的肯定，提出了"绿水青山就是金山银山"。

习近平总书记的话犹如一盏指路明灯，照亮了余村前行之路。

如今，一年四季都有游客来到风景秀丽的余村，原来在矿山上工作的村民们开起了民宿、咖啡吧，还有的办起了漂流，各种各样的产业在余村如雨后春笋般冒了出来。

三、余村的新面貌

生态文明先行

凭借得天独厚的自然环境和悠远厚重的历史文化，余村大力开展生态文明建设，先后关停矿山、水泥厂及一大批竹制品企业，集中精力发展休闲旅游经济，带领全村人民走"三产统领"之路、绿色发展之路，打造"人间小天堂"。

村庄环境优美

余村是结合国家 5A 级村域景区要求创建的美丽乡村，整个村庄包括旅游环线、两山理念展示带、两山公园、矿坑花园、美丽宜居区、绿色产业区、生态保育区。这种空间布局也叫"一环一带，两园三区"。

产业转型升级

余村的村民们坚信"绿水青山就是金山银山"，村庄依托良好的生态环境，走上了发展绿色经济转型之路，努力建设成为中国最美县域的"村庄样板"。

第二章 新能源汽车

新能源汽车是指采用非常规的车用燃料作为动力来源的汽车，包括纯电动汽车、混合动力汽车和燃料电池电动汽车。

1. 新能源汽车的优势

节能环保

新能源汽车主要使用清洁能源，不需要燃烧汽油、柴油等，实现零污染、零排放。

用车成本低

燃油车每千米的燃油成本在 0.6 ~ 0.8 元，但新能源汽车每千米电费只需要 0.2 元。同时，新能源车的保养主要是更换空调滤芯、调节胎压、日常检查，费用基本维持在几百元以下，无需频繁维护。

智能化程度高

新能源汽车的车主无需进入车辆，通过手机端的 App 互联，即可实现控制汽车的空调、启动远程充电、查找车辆位置状态、车辆遥控移动等功能。

操纵感强

与燃油车相比，新能源汽车起步提速更快、更平稳，没有燃油汽车发动的声音，行驶时更加安静，舒适感更强。

2. 新能源汽车的充电口

新能源汽车的充电口有国家标准。中国新能源汽车充电接口的标准为 GB/T 20234.2—2015，该标准规定了新能源汽车的交流充电接口和直流充电接口的技术要求和测试方法。

3. 普通充电和超级快充充电桩

普通充电和超级快充的区别在于充电功率和充电速度。

超级快充桩能提供更高的充电功率，可以在较短时间内为新能源汽车充电，适用于长途旅行和急需充电的情况。

普通充电桩充电功率较低，充电速度相对较慢，适用于长时间停车和日常充电需求。

慢充　　　快充

4. 新能源汽车可以无线充电吗？

可以。新能源汽车的充电原理是通过充电设施和汽车内的线圈，分别发射和接收电能，车子"即停即充"，与我们日常生活中的无线手机、无线耳机充电类似。

★ Tips

▶ 慢充好还是快充好？

慢充功率较低，充电时间较长，适合在长时间停驶时补电。而快充功率较高，充电时间较短，适合临时应急补电。大家平时最好还是**以慢充为主，尽量不要连续快充**，以免影响电池寿命。

▶ 下雨天可以充电吗？

新能源汽车充电口具备一定的防水能力，密封性良好，普通雨天是可以充电的，但在插拔充电枪时要注意遮挡，以防雨水进入充电口内部。

要是下大暴雨的话，就先不要充电了。

▶ 充电时可以坐车里吗？

正常充电过程中，坐车里**休息是安全的，但最好不要开空调、音响等**，以免影响汽车充电的电流速度。

不过电小知觉得还是出去呼吸呼吸新鲜空气更好！

图书在版编目（CIP）数据

电靓未来乡村 / 浙江省电力学会，国网浙江省电力有限公司组编. —北京 ： 中国电力出版社，
2023.12（2024.8重印）

（电小知科普馆）

ISBN 978-7-5198-8489-5

Ⅰ．①电… Ⅱ．①浙… ②国… Ⅲ．①安全用电—儿童读物 Ⅳ．①TM92-49

中国国家版本馆CIP数据核字(2023)第247138号

出版发行：中国电力出版社

地　　址：北京市东城区北京站西街 19 号（邮政编码 100005）

网　　址：http://www.cepp.sgcc.com.cn

责任编辑：张运东　王蔓莉（010-63412791）

责任校对：黄　蓓　王海南

装帧设计：张俊霞

责任印制：石　雷

印　　刷：北京九天鸿程印刷有限责任公司

版　　次：2023 年 12 月第一版

印　　次：2024 年 8 月北京第三次印刷

开　　本：787 毫米 ×1092 毫米　16 开本

印　　张：2.25

字　　数：16 千字

印　　数：8501—11000 册

定　　价：15.00 元
